FORMELSAMMLUNG VERBUNDWERKSTOFFE

Joachim M. Hausmann

Wer keine unbekannten Wege geht, wird auch nichts Neues entdecken.

Impressum

Bibliografische Information der Deutschen Nationalbibliothek:
Die Deutsche Nationalbibliothek verzeichnet diese Publikation in der Deutschen
Nationalbibliografie; detaillierte bibliografische Daten sind im Internet über http://dnb.dnb.de
abrufbar.

2. Auflage

© 2023 Joachim Hausmann, Kaiserslautern

Herstellung und Verlag: BoD – Books on Demand, Norderstedt

ISBN: 978-3-7534-0919-1

Inhalt

EINLEITUNG

Die vorliegende Formelsammlung enthält die wichtigsten Formeln aus meinen Vorlesungen. Sie dient zum Nachschlagen während des Studiums, bei Klausuren (wenn zulässig …) und im späteren Berufsleben. Sie kann nicht eine fundierte Ausbildung und das Verständnis für die Thematik ersetzen.

Diese zweite Auflage der Formelsammlung enthält gegenüber der ersten Korrekturen und kleine Ergänzungen. Für Anregungen und Hinweise auf eingeschlichene Fehler bin ich jederzeit dankbar.

Joachim Hausmann

Kaiserslautern im Oktober 2023

FORMELZEICHEN, INDIZES UND EINHEITEN

Lateinische Symbole

Formelzeichen	Erläuterung
A	Fläche
A_{ij}	Koeffizienten der Dehnsteifigkeits-/Scheibensteifigkeitsmatrix
B_{ij}	Koeffizienten der Koppelsteifigkeitsmatrix
C_{ij}	Koeffizienten der Steifigkeitsmatrix
D_{ij}	Koeffizienten der Plattensteifigkeitsmatrix
E	E-Modul
F	Kraft
G	Schubmodul
H	Feuchtigkeitsgehalt
I	Flächenträgheitsmoment
K	Plattensteifigkeit
L	Länge
M	Moment
N	Normalkraft
R	Festigkeit, Außenradius
S_{ij}	Koeffizienten der Nachgiebigkeitsmatrix
T	Temperatur
b	Breite
d	Durchmesser
f	Streckenlast
g	Gewicht
h	Höhe
k	Beulwert, Korrekturfaktor
n	Kraftfluss, Drehzahl

m	Momentenfluss
p	Steigungsparameter, Innendruck
r	Innenradius
s	Abstand, Knicklänge
t	Dicke
v	Volumen
w	Durchbiegung

Griechische Symbole

Formelzeichen	Erläuterung
β	Quellkoeffizient, Knicklängenbeiwert
α	Thermischer Längenausdehnungskoeffizient
γ	Schubverzerrung, Schiebung
ε	Dehnung
ρ	Dichte
σ	Spannung
τ	Schubspannung
φ	Faservolumenanteil
Θ	Drehwinkel des LKS zum GKS (Faserorientierung)
κ	Plattenwölbung
ν	Querkontraktionszahl/Poissonzahl
ψ	Fasermassegehalt
ω	Kreisfrequenz

Indizes

Index	Erläuterung
ax	axial
b	Bruch
c	Composite
crit	kritisch
f	Faser
i	Laufvariable
k	Lagennummer
m	Matrix
p	polar
tan	tangential
x, y, z	Raumrichtungen im globalen Koordinatensystem (GKS)
1, 2, 3	Raumrichtungen im lokalen Koordinatensystem (LKS)
$\parallel$ *(1)*	Parallel (in Faserrichtung)
$\perp$ *(2,3)*	Senkrecht (quer zu Faserrichtung)

Gebräuchliche Abkürzungen und Begriffe

Abkürzung	Deutsch	Englisch
AFK	Aramidfaserverstärkter Kunststoff	Aramide fiber reinforced plastic (AFRP)
AWV	Ausgeglichener Winkelverbund	Balanced angle ply laminate
CFK	Kohlenstofffaserverstärkter Kunststoff	Carbon fiber reinforced plastic (CFRP)
CLT	Klassische Laminat-Theorie	Classical laminate theory
CMC	Keramikmatrix-Verbundwerkstoff	Ceramic matrix composite
DIC	Digitale Bildkorrelation	Digital image correlation

DMS	Dehnungs-Messstreifen	Strain gauge
DP	Duroplast	Thermoset (TS)
EFT	Endlosfaserverstärkter Thermoplast	Continous fiber reinforced thermoplastic
FEM	Finite-Elemente-Methode	Finite-element-analysis (FEA)
FKV	Faser-Kunststoff-Verbundwerkstoff	Fiber polymer composite
FML	Faser-Metall-Laminat	Fiber metal laminate
FVG	Faservolumengehalt	Fiber volume content (FVC)
FVK	Faserverstärkter Kunststoff	Fiber reinforced plastic (FRP)
GFK	Glasfaserverstäkrter Kunststoff	Glass fiber reinforced plastic (GFRP)
GKS	Globales Koordinatensystem	Global coordinate system
LFT	Langfaserverstärkter Thermoplast	Long-fiber reinforced thermoplastic
LKS	Lokales Koordinatensystem	Local coordinate system
MMC	Metallmatrix-Verbundwerkstoff	Metal matrix composite
PMC	Polmermatrix-Verbundwerkstoff	Polymer matrix composite
QI	Quasi-isotrop	Quasi-isotropic
rCF	Rezyklierte Kohlenstofffaser	Recycled carbon fiber
RVE	Repräsentatives Volumenelement	Representative volume element
SFT	Kurzfaserverstärkter Thermoplast	Short-fiber reinforced thermoplastic
TP	Thermoplast	Thermoplastic
UD	Uni-direktional	Uni-directional
VWS	Verbundwerkstoff	Composite material
WAK	Wärmeausdehnungskoeffizient	Coefficient of thermal expansion (CTE)

Griechisches Alphabet

Klein	Groß	gesprochen
α	A	Alpha
β	B	Beta
γ	Γ	Gamma
δ	Δ	Delta
ε	E	Epsilon
ζ	Z	Zeta
η	H	Eta
ϑ	Θ	Theta
ι	I	Jota
κ	K	Kappa
λ	Λ	Lambda
μ	M	Mü
ν	N	Nü
ξ	Ξ	Xi
o	O	Omikron
π	Π	Pi
ρ	P	Rho
σ	Σ	Sigma
τ	T	Tau
υ	Y	Ypsilon
φ	Φ	Phi
χ	X	Chi
ψ	Ψ	Psi
ω	Ω	Omega

Konsistente SI-Einheiten

Größe	Formelzeichen	Einheit (m-Basis)	Einheit (mm-Basis)
Länge	L	m	mm
Kraft	F	N	N
Kraftfluss	n	N/m	N/mm
Moment	M	Nm	Nmm
Momentenfluss	m	N	N
Masse	g	kg	t (10^3 kg)
Zeit	t	s	s
Spannung	σ	Pa (N/m²)	MPa (N/mm²)
Dichte	ρ	kg/m³	t/mm³

Umrechnungen

Druck: 1 bar = 0,1 MPa

Dichte: 1000 kg/m³ = 1 g/cm³ = 10^{-9} t/mm³

Eigenschaften der UD-Einzelschicht

Faservolumengehalt

$$\varphi = \frac{v_f}{v_f + v_m} = \frac{A_f}{A_f + A_m}$$

Faservolumengehalt bei quadratischer Faseranordnung

$$\varphi = \frac{\frac{1}{4} \cdot \left(\frac{d}{2}\right)^2 \cdot \pi}{\left(\frac{s}{2} + \frac{d}{2}\right)^2}$$

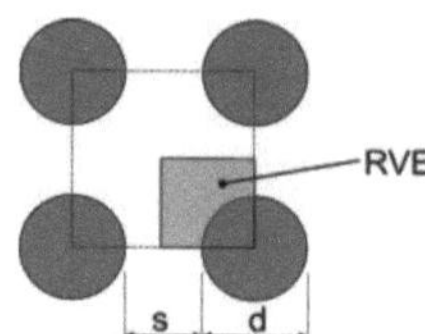

Faservolumengehalt bei hexagonaler Faseranordnung

$$\varphi = \frac{\frac{1}{2} \cdot \left(\frac{d}{2}\right)^2 \cdot \pi}{\left(\frac{s}{2} + \frac{d}{2}\right) \cdot (s+d) \cdot \cos 30°}$$

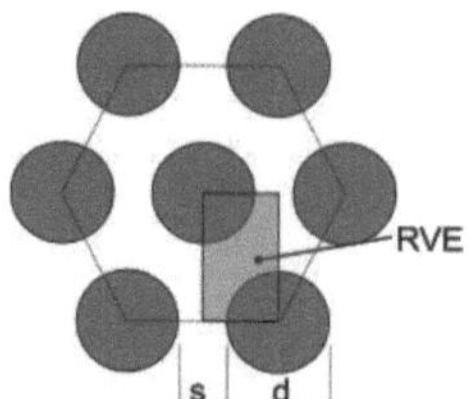

Umrechnung Fasergewichtsgehalt ⇔ Faservolumengehalt

$$\psi = \frac{g_f}{g_c} \qquad \text{bzw.} \qquad \psi = \frac{\varphi \cdot \rho_f}{\rho_c}$$

$$\varphi = \frac{\Psi \cdot \rho_m}{\Psi \cdot \rho_m + (1 - \Psi)\rho_f}$$

Benötigte Matrixmenge bei gegebener Fasermenge

$$g_m = g_f \cdot \left(\frac{\rho_c}{\varphi \cdot \rho_f} - 1 \right)$$

Mischungsregel

E-Modul in Faserrichtung

$$E_1 = E_{f1} \cdot \varphi + E_m \cdot (1 - \varphi) \quad \text{bzw. allgemein:} \qquad E_1 = \sum_{i=1}^{n} E_{i1} \cdot \varphi_i$$

Zugfestigkeit in Faserrichtung

$$R_1^+ = R_{f1}^+ \cdot \varphi + \sigma_m(\varepsilon_{b,f}) \cdot (1 - \varphi) \qquad \text{bzw. allgemein:} R_1 = \sum_{i=1}^{n} R_{i1}(\varepsilon_{bmin}) \cdot \varphi_i$$

E-Modul senkrecht zur Faserrichtung

$$E_2 = \frac{1}{\frac{\varphi}{E_{f2}} + \frac{1-\varphi}{E_m}} \qquad \text{(Addition der Nachgiebigkeiten)}$$

$$E_2 = \frac{E_m}{1 - v_m^2} \cdot \frac{1 + 0{,}85 \cdot \varphi^2}{(1-\varphi)^{1{,}25} + \frac{E_m}{(1-v_m^2) \cdot E_{f2}} \cdot \varphi} \qquad \text{(semi-empirisches Modell)}$$

G-Modul

$$G_{12} = G_m \cdot \frac{1 + 0,4\varphi^{0,5}}{(1-\varphi)^{1,45} + \frac{G_m}{G_{f12}} \cdot \varphi} \qquad \text{(semi-empirisches Modell)}$$

Physikalische Eigenschaften

Dichte

$$\rho_c = \rho_f \cdot \varphi + \rho_m \cdot (1 - \varphi)$$

Wärmekapazität

$$c_c = c_f \cdot \psi + c_m \cdot (1 - \psi) \qquad \text{bzw.} \qquad c_c = c_f \cdot \frac{\varphi \cdot \rho_f}{\rho_c} + c_m \cdot \left(1 - \frac{\varphi \cdot \rho_f}{\rho_c}\right)$$

Thermischer Ausdehnungskoeffizient

$$\alpha_1 = \frac{E_{f1} \cdot \varphi \cdot \alpha_{f1} + E_m(1-\varphi)\alpha_m}{E_{f1} \cdot \varphi + E_m(1-\varphi)} \qquad \text{bzw. allgemein:} \qquad \alpha_1 = \frac{\sum_{i=1}^{n} E_{i1} \cdot \varphi_i \cdot \alpha_i}{E_1}$$

$$\alpha_2 = \varphi \cdot \alpha_{f2} + (1 - \varphi) \cdot \alpha_m \quad \text{(näherungsweise)}$$

Quellkoeffizient

$$\beta_1 = \frac{\beta_m \cdot (1-\varphi)}{\left[\varphi\left(\frac{E_{f1}}{E_m} - 1\right) \cdot (1-\psi)\right]} \qquad \text{bzw.} \qquad \beta_1 = \frac{\beta_m \cdot E_m}{\varphi \cdot E_{f1} + (1-\varphi) \cdot E_m} \cdot \frac{\rho_c}{\rho_m}$$

$$\beta_2 = \frac{(1 + \nu_m) \cdot \beta_m \cdot \rho_c}{\rho_m} - \left[\varphi \cdot \nu_{f21} + (1 - \varphi) \cdot \nu_m\right] \cdot \beta_1$$

Kritische Faserlänge

$$L_{crit} = \frac{d_f \cdot R_{f1}}{2 \cdot \tau_{fm}}$$

Kritischer Faservolumengehalt

$$\varphi = \frac{R_m - \sigma_m}{R_{f1} - \sigma_m + R_m} \qquad \text{mit} \qquad \sigma_m = E_m \cdot \varepsilon_{f1b}$$

NOMENKLATUR VON LAMINATEN

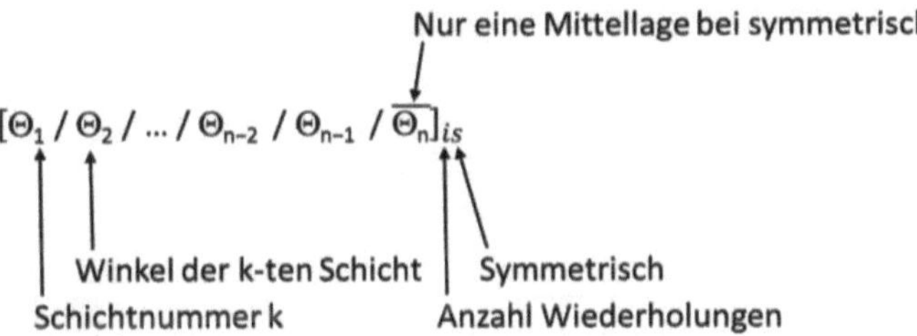

Weiterhin:

- hochgestellt bei Schichtangabe: Materialkürzel, falls nicht einheitlich
- ‚f' hinter Schichtnummer: Gewebelage

Klassische Laminattheorie

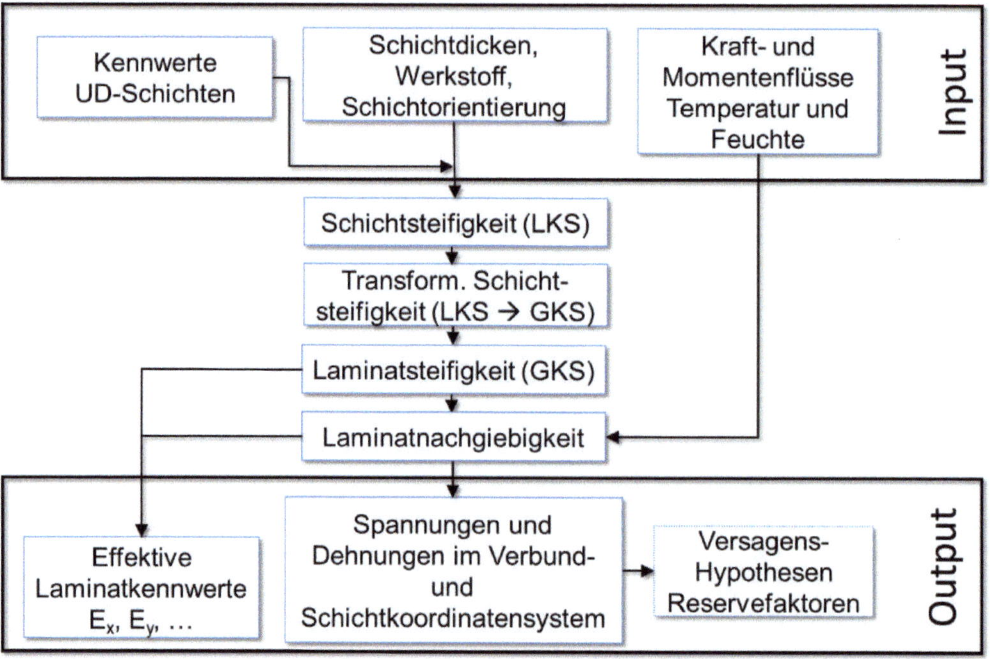

Geometrische Randbedingungen

$$t = \sum_{k=1}^{n} t_k$$

$$t_k = z_k - z_{k-1}$$

$$t = \sum_{k=1}^{n} z_k - z_{k-1}$$

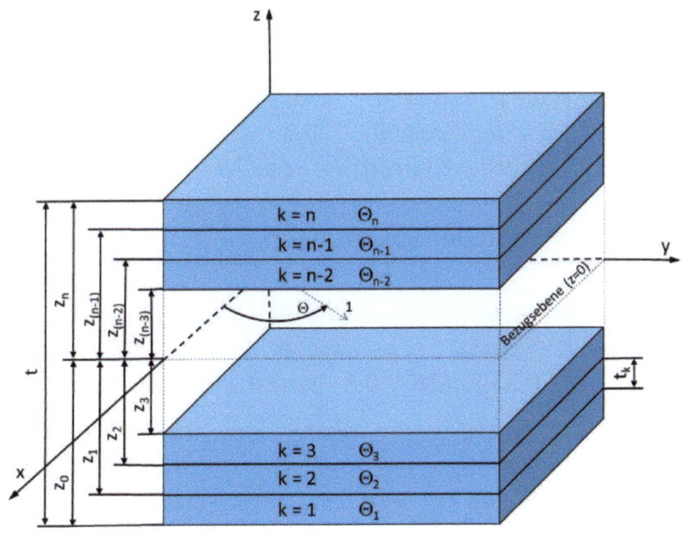

Transformation der Dehnungen

$$\begin{Bmatrix} \varepsilon_1 \\ \varepsilon_2 \\ \gamma_{12} \end{Bmatrix} = \begin{bmatrix} cos^2\theta & sin^2\theta & sin\theta cos\theta \\ sin^2\theta & cos^2\theta & -sin\theta cos\theta \\ -2sin\theta cos\theta & 2sin\theta cos\theta & (cos^2\theta - sin^2\theta) \end{bmatrix} \cdot \begin{Bmatrix} \varepsilon_x \\ \varepsilon_y \\ \gamma_{xy} \end{Bmatrix}$$

$$\begin{Bmatrix} \varepsilon_x \\ \varepsilon_y \\ \gamma_{xy} \end{Bmatrix} = \begin{bmatrix} cos^2\theta & sin^2\theta & -0{,}5 \cdot sin2\theta \\ sin^2\theta & cos^2\theta & 0{,}5 \cdot sin2\theta \\ sin2\theta & -sin2\theta & cos2\theta \end{bmatrix} \cdot \begin{Bmatrix} \varepsilon_1 \\ \varepsilon_2 \\ \gamma_{12} \end{Bmatrix}$$

Transformation der Spannungen

$$\begin{Bmatrix} \sigma_1 \\ \sigma_2 \\ \tau_{12} \end{Bmatrix} = \begin{bmatrix} cos^2\theta & sin^2\theta & sin2\theta \\ sin^2\theta & cos^2\theta & -sin2\theta \\ -0{,}5 \cdot sin2\theta & 0{,}5 \cdot sin2\theta & cos2\theta \end{bmatrix} \cdot \begin{Bmatrix} \sigma_x \\ \sigma_y \\ \tau_{xy} \end{Bmatrix}$$

$$\begin{Bmatrix} \sigma_x \\ \sigma_y \\ \tau_{xy} \end{Bmatrix} = \begin{bmatrix} cos^2\theta & sin^2\theta & -sin2\theta \\ sin^2\theta & cos^2\theta & sin2\theta \\ 0{,}5 \cdot sin2\theta & -0{,}5 \cdot sin2\theta & cos2\theta \end{bmatrix} \cdot \begin{Bmatrix} \sigma_1 \\ \sigma_2 \\ \tau_{12} \end{Bmatrix}$$

Nachgiebigkeiten im GKS

$$\begin{Bmatrix} \varepsilon_x \\ \varepsilon_y \\ \gamma_{xy} \end{Bmatrix} = \begin{bmatrix} \overline{S_{11}} & \overline{S_{12}} & \overline{S_{16}} \\ \overline{S_{12}} & \overline{S_{22}} & \overline{S_{26}} \\ \overline{S_{16}} & \overline{S_{26}} & \overline{S_{66}} \end{bmatrix} \cdot \begin{Bmatrix} \sigma_x \\ \sigma_y \\ \tau_{xy} \end{Bmatrix}$$

mit

$$\overline{S_{11}} = \frac{\cos^4\theta}{E_1} + \frac{\sin^4\theta}{E_2} + \frac{1}{4}\left(\frac{1}{G_{21}} - 2\frac{v_{12}}{E_1}\right)\cdot \sin^2 2\theta$$

$$\overline{S_{22}} = \frac{\sin^4\theta}{E_1} + \frac{\cos^4\theta}{E_2} + \frac{1}{4}\left(\frac{1}{G_{21}} - 2\frac{v_{12}}{E_1}\right)\cdot \sin^2 2\theta$$

$$\overline{S_{66}} = \frac{\cos^2 2\theta}{G_{21}} + \left(\frac{1}{E_1} + \frac{1}{E_2} + 2\frac{v_{12}}{E_1}\right)\cdot \sin^2 2\theta$$

$$\overline{S_{12}} = \frac{1}{4}\left(\frac{1}{E_1} + \frac{1}{E_2} - \frac{1}{G_{21}}\right)\cdot \sin^2 2\theta - \frac{v_{12}}{E_1}(\sin^4\theta + \cos^4\theta)$$

$$\overline{S_{16}} = -\left(\frac{2}{E_2} + 2\frac{v_{12}}{E_1} - \frac{1}{G_{21}}\right)\cdot \sin^3\theta \cdot \cos\theta + \left(\frac{2}{E_1} + 2\frac{v_{12}}{E_1} - \frac{1}{G_{21}}\right)\cdot \cos^3\theta \cdot \sin\theta$$

$$\overline{S_{26}} = -\left(\frac{2}{E_2} + 2\frac{v_{12}}{E_1} - \frac{1}{G_{21}}\right)\cdot \cos^3\theta \cdot \sin\theta + \left(\frac{2}{E_1} + 2\frac{v_{12}}{E_1} - \frac{1}{G_{21}}\right)\cdot \sin^3\theta \cdot \cos\theta$$

Steifigkeiten im GKS

$$\begin{Bmatrix} \sigma_x \\ \sigma_y \\ \tau_{xy} \end{Bmatrix} = \begin{bmatrix} \overline{Q_{11}} & \overline{Q_{12}} & \overline{Q_{16}} \\ \overline{Q_{12}} & \overline{Q_{22}} & \overline{Q_{26}} \\ \overline{Q_{16}} & \overline{Q_{26}} & \overline{Q_{66}} \end{bmatrix} \cdot \begin{Bmatrix} \varepsilon_x \\ \varepsilon_y \\ \gamma_{xy} \end{Bmatrix}$$

mit (unter Berücksichtigung von Querkontraktionsbehinderung)

$$\overline{Q_{11}} = \frac{E_1 \cdot \cos^4\theta}{1 - v_{12}\cdot v_{21}} + \frac{E_2 \cdot \sin^4\theta}{1 - v_{12}\cdot v_{21}} + \frac{1}{2}\left(\frac{v_{12}\cdot E_2}{1 - v_{12}\cdot v_{21}} + 2G_{21}\right)\cdot \sin^2 2\theta$$

$$\overline{Q_{22}} = \frac{E_1 \cdot \sin^4\theta}{1 - \nu_{12} \cdot \nu_{21}} + \frac{E_2 \cdot \cos^4\theta}{1 - \nu_{12} \cdot \nu_{21}} + \frac{1}{2}\left(\frac{\nu_{12} \cdot E_2}{1 - \nu_{12} \cdot \nu_{21}} + 2G_{21}\right) \cdot \sin^2 2\theta$$

$$\overline{Q_{66}} = G_{21} + \frac{1}{4} \cdot \sin^2 2\theta \cdot \left(\frac{E_1}{1 - \nu_{12} \cdot \nu_{21}} + \frac{E_2}{1 - \nu_{12} \cdot \nu_{21}} - 2\frac{\nu_{12} \cdot E_2}{1 - \nu_{12} \cdot \nu_{21}} - 4G_{12}\right)$$

$$\overline{Q_{12}} = \frac{\nu_{12} \cdot E_2}{1 - \nu_{12} \cdot \nu_{21}} + \frac{1}{4} \cdot \sin^2 2\theta \cdot \left(\frac{E_1}{1 - \nu_{12} \cdot \nu_{21}} + \frac{E_2}{1 - \nu_{12} \cdot \nu_{21}} - 2\frac{\nu_{12} \cdot E_2}{1 - \nu_{12} \cdot \nu_{21}} - 4G_{12}\right)$$

$$\overline{Q_{16}} = -\frac{1}{2}\left[\left(\frac{E_1}{1 - \nu_{12} \cdot \nu_{21}} + \frac{E_2}{1 - \nu_{12} \cdot \nu_{21}} - 2\frac{\nu_{12} \cdot E_2}{1 - \nu_{12} \cdot \nu_{21}} - 4G_{12}\right) \cdot \sin^2\theta \right.$$
$$\left. - \left(\frac{E_1}{1 - \nu_{12} \cdot \nu_{21}} - \frac{\nu_{12} \cdot E_2}{1 - \nu_{12} \cdot \nu_{21}} - 2G_{12}\right)\right] \cdot \sin 2\theta$$

$$\overline{Q_{26}} = -\frac{1}{2} \cdot \sin 2\theta \left[\left(\frac{E_2}{1 - \nu_{12} \cdot \nu_{21}} - \frac{\nu_{12} \cdot E_2}{1 - \nu_{12} \cdot \nu_{21}} - 2G_{12}\right) \right.$$
$$\left. - \left(\frac{E_1}{1 - \nu_{12} \cdot \nu_{21}} + \frac{E_2}{1 - \nu_{12} \cdot \nu_{21}} - 2\frac{\nu_{12} \cdot E_2}{1 - \nu_{12} \cdot \nu_{21}} - 4G_{12}\right) \cdot \sin^2\theta\right]$$

Ingenieurskonstanten in der Nachgiebigkeitsmatrix

$$E_x = \frac{1}{\overline{S_{11}}} \qquad\qquad E_y = \frac{1}{\overline{S_{22}}} \qquad\qquad G_{xy} = \frac{1}{\overline{S_{66}}}$$

$$\nu_{xy} = E_1\left[\frac{\nu_{12}}{E_1} - \frac{1}{4}\left(\frac{1}{E_1} + \frac{2\nu_{12}}{E_1} + \frac{1}{E_2} - \frac{1}{G_{12}}\right)\sin^2 2\theta\right] \qquad\qquad \nu_{yx} = \frac{E_y}{E_x}\nu_{xy}$$

$$\{\hat{n}\} = \int_{-\frac{t}{2}}^{\frac{t}{2}} [\sigma]\,dz = \begin{Bmatrix} \hat{n}_x \\ \hat{n}_y \\ \hat{n}_{xy} \end{Bmatrix} = \sum_{k=1}^{n} \int_{z_{k-1}}^{z_k} \begin{Bmatrix} \sigma_x \\ \sigma_y \\ \tau_{xy} \end{Bmatrix}_k dz$$

$$\{\hat{m}\} = \int_{-\frac{t}{2}}^{\frac{t}{2}} [\sigma]z\,dz = \begin{Bmatrix} \hat{m}_x \\ \hat{m}_y \\ \hat{m}_{xy} \end{Bmatrix} = \sum_{k=1}^{n} \int_{z_{k-1}}^{z_k} \begin{Bmatrix} \sigma_x \\ \sigma_y \\ \tau_{xy} \end{Bmatrix}_k z\,dz$$

$$\begin{Bmatrix} \hat{\varepsilon}_x(z) \\ \hat{\varepsilon}_y(z) \\ \hat{\gamma}_{xy}(z) \end{Bmatrix} = \begin{Bmatrix} \varepsilon_x \\ \varepsilon_y \\ \gamma_{xy} \end{Bmatrix}_0 + z \cdot \begin{Bmatrix} \kappa_x \\ \kappa_y \\ \kappa_{xy} \end{Bmatrix}_0 \qquad \text{bzw. } \{\hat{\varepsilon}\} = \{\varepsilon^0\} + z \cdot \{\kappa^0\}$$

$$\{\hat{n}\} = [A]\{\varepsilon^\circ\} + [B]\{\kappa^0\}$$

$$\{\hat{m}\} = [B]\{\varepsilon^\circ\} + [D]\{\kappa^0\}$$

$$\begin{Bmatrix} \{\hat{n}\} \\ \{\hat{m}\} \end{Bmatrix} = \begin{bmatrix} [A] & [B] \\ [B] & [D] \end{bmatrix} \cdot \begin{Bmatrix} \{\varepsilon\} \\ \{\kappa\} \end{Bmatrix}_0$$

$$\begin{Bmatrix} \hat{n}_x \\ \hat{n}_y \\ \hat{n}_{xy} \\ \hat{m}_x \\ \hat{m}_y \\ \hat{m}_{xy} \end{Bmatrix} = \begin{bmatrix} A_{11} & A_{12} & A_{16} & B_{11} & B_{12} & B_{16} \\ A_{12} & A_{22} & A_{26} & B_{12} & B_{22} & B_{26} \\ A_{16} & A_{26} & A_{66} & B_{16} & B_{26} & B_{66} \\ B_{11} & B_{12} & B_{16} & D_{11} & D_{12} & D_{16} \\ B_{12} & B_{22} & B_{26} & D_{12} & D_{22} & D_{26} \\ B_{16} & B_{26} & B_{66} & D_{16} & D_{26} & D_{66} \end{bmatrix} \cdot \begin{Bmatrix} \varepsilon_x \\ \varepsilon_y \\ \gamma_{xy} \\ \kappa_x \\ \kappa_y \\ \kappa_{xy} \end{Bmatrix}_0$$

mit

$$A_{ij} = \sum_{k=1}^{n} \bar{Q}_{ij,k}(z_k - z_{k-1})$$

$$B_{ij} = \frac{1}{2}\sum_{k=1}^{n} \bar{Q}_{ij,k}(z_k{}^2 - z_{k-1}{}^2)$$

$$D_{ij} = \frac{1}{3}\sum_{k=1}^{n} \bar{Q}_{ij,k}(z_k{}^3 - z_{k-1}{}^3)$$

Scheibensteifigkeiten

$$E_x = \frac{A_{11}}{t} \qquad\qquad E_y = \frac{A_{22}}{t} \qquad\qquad G_{xy} = \frac{A_{66}}{t}$$

Plattensteifigkeiten

$$E_x = \frac{12 \cdot D_{11}}{t^3} \qquad\qquad E_y = \frac{12 \cdot D_{22}}{t^3} \qquad\qquad G_{xy} = \frac{12 \cdot D_{66}}{t^3}$$

Querkontraktionszahlen

$$\nu_{xy} = \frac{\left(A^{-1}\right)_{12}}{\left(A^{-1}\right)_{11}} \qquad\qquad \nu_{yx} = \frac{\left(A^{-1}\right)_{12}}{\left(A^{-1}\right)_{22}} \qquad \text{bzw.} \qquad \nu_{yx} = \frac{E_y}{E_x}\nu_{xy}$$

Hygro-thermale Spannungen

Thermische Eigenspannung in Komponente, bzw. Lage i

$$\sigma_i = \Delta T \cdot (\alpha_c - \alpha_i) \cdot E_i$$

Quelldehnungen

$$\varepsilon^H = \beta \cdot H$$

Kopplungskoeffizienten in der ABD-Matrix

Koeffizient	Kopplung	Voraussetzung für „= 0"
A_{16}	$\varepsilon_x \Leftrightarrow \gamma_{xy}$	AWV
A_{26}	$\varepsilon_y \Leftrightarrow \gamma_{xy}$	AWV
D_{16}	$\kappa_x \Leftrightarrow \kappa_{xy}$	AWV, sequentiell
D_{26}	$\kappa_y \Leftrightarrow \kappa_{xy}$	AWV, sequentiell
B_{11}	$\varepsilon_x \Leftrightarrow \kappa_x$	symmetrisch u./o. AWV*
B_{12}	$\varepsilon_x \Leftrightarrow \kappa_y$	symmetrisch u./o. AWV
B_{16}	$\varepsilon_x \Leftrightarrow \kappa_{xy}$	symmetrisch
B_{22}	$\varepsilon_y \Leftrightarrow \kappa_y$	symmetrisch u./o. AWV*
B_{26}	$\varepsilon_y \Leftrightarrow \kappa_{xy}$	symmetrisch
B_{66}	$\gamma_{xy} \Leftrightarrow \kappa_{xy}$	symmetrisch u./o. AWV

*nicht bei [0 / 90]

VERSAGENSKRITERIEN

Maximalspannungskriterium

$$\left(\frac{\sigma_1}{R_1}\right)^2 = 1 \qquad\qquad \left(\frac{\sigma_2}{R_2}\right)^2 = 1 \qquad\qquad \left(\frac{\tau_{12}}{R_{12}}\right)^2 = 1$$

bzw. mit Interaktionsberücksichtigung: $\qquad \left(\frac{\sigma_2}{R_2}\right)^2 + \left(\frac{\tau_{12}}{R_{12}}\right)^2 = 1$

Je nach Vorzeichen der Spannung ist bei allen Ausdrücken die Zug- oder Druckfestigkeit einzusetzen!

Tsai-Wu-Kriterium

$$\left(\frac{1}{R_1^+} - \frac{1}{R_1^-}\right) \cdot \sigma_1 + \left(\frac{1}{R_2^+} - \frac{1}{R_2^-}\right) \cdot \sigma_2 + \frac{1}{R_1^+ \cdot R_1^-} \cdot \sigma_1^2 + \frac{1}{R_2^+ \cdot R_2^-} \cdot \sigma_2^2 +$$

$$+ \frac{2 \cdot F_{12}^*}{\sqrt{R_1^+ \cdot R_1^- \cdot R_2^+ \cdot R_2^-}} \cdot \sigma_1 \cdot \sigma_2 + \frac{\tau_{12}^2}{R_{12}^2} = 1$$

mit dem Interaktionskoeffizienten $-1 \leq F_{12}^* \leq 1$

Zwischenfaserbruchkriterium

Modus A (querzugdominiert):

$$\sqrt{\left(\frac{\tau_{12}}{R_{12}}\right)^2 + \left(1 - p_{21}^+ \cdot \frac{R_2^+}{R_{12}}\right)^2 \cdot \left(\frac{\sigma_2}{R_2^+}\right)^2} + p_{21}^+ \cdot \frac{\sigma_2}{R_{12}} = 1$$

Modus B (schubdominiert)

$$\frac{1}{R_{12}}\left(\sqrt{\tau_{21}^2 + (p_{21}^- \cdot \sigma_2)^2} + p_{21}^- \cdot \sigma_2\right) = 1$$

Modus C (querdruckdominiert)

$$\left[\left(\frac{\tau_{21}}{2(1 + p_{23}^-)R_{12}}\right)^2 + \left(\frac{\sigma_2}{R_2^-}\right)^2\right]\frac{R_2^-}{-\sigma_2} = 1$$

mit:

$$p_{21}^+ = -\left(\frac{d\tau_{21}}{d\sigma_2}\right)_{\sigma_2=0} \quad aus\ \sigma_2 - t_{21} - Kurve\ (\sigma_2 \geq 0)$$

$$p_{21}^- = -\left(\frac{d\tau_{21}}{d\sigma_2}\right)_{\sigma_2=0} \quad aus\ \sigma_2 - t_{21} - Kurve\ (\sigma_2 \leq 0)$$

$$p_{23}^- = p_{21}^- \frac{R_{23}^-}{R_{21}}$$

NÜTZLICHES AUS DER TECHNISCHEN MECHANIK

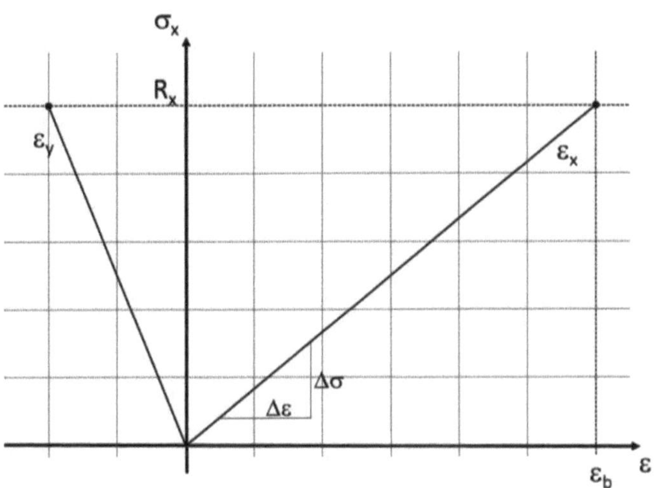

$$\sigma = \varepsilon \cdot E \qquad \text{„Hooksches Gesetz"}$$

$$E = \frac{\Delta\sigma}{\Delta\varepsilon} \qquad \text{(nach Norm } \Delta\varepsilon = [0{,}05\%;\ 0{,}25\%])$$

$$G = \frac{1}{2(1+\nu)} \cdot E \qquad \text{(nur für isotrope Werkstoffe!)}$$

$$\nu_{xy} = -\frac{\varepsilon_y}{\varepsilon_x} \qquad \text{und} \qquad \frac{\nu_{xy}}{\nu_{yx}} = \frac{E_x}{E_y}$$

Geometrie	Axiales Flächenträgheitsmoment (Biegung)
Rechteck	$I = \dfrac{b \cdot h^3}{12} = A \cdot \dfrac{h^2}{12}$
Kreis	$I = \dfrac{\pi \cdot R^4}{4} = A \cdot \dfrac{R^2}{4}$
Kreisring (Rundrohr)	$I = \dfrac{\pi \cdot (R^4 - r^4)}{4} = A \cdot \dfrac{R^2 - r^2}{4}$
Dünnwandiger Kreisring	$I = \pi \cdot R^3 \cdot t$

Polares Flächenträgheitsmoment für kreisförmige Querschnitte unter Torsionsbelastung:

$$I_p = 2 \cdot I_{(ax)}$$

Steinerscher Verschiebungssatz

$$I^* = I + z^2 \cdot A$$

Spannungen bei Biegung und Torsion

$$\sigma_b = \frac{M_b}{I} \cdot z \qquad\qquad \tau_t = \frac{M_t}{I_p} \cdot r$$

Kragträger mit Punktlast

$$M_b = F \cdot L$$

$$w_{max} = \frac{F \cdot L^3}{3 \cdot E \cdot I}$$

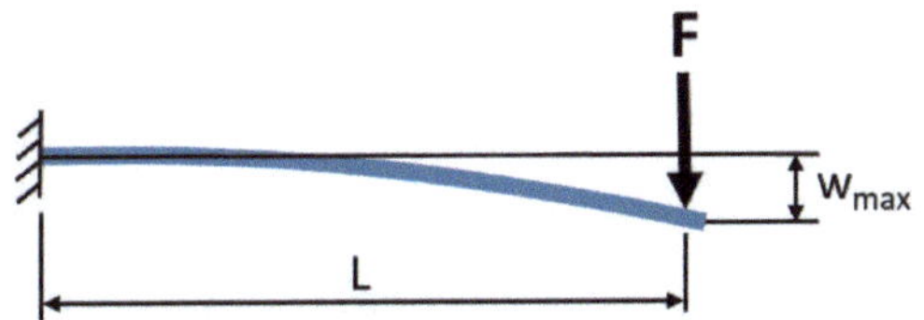

Kragträger mit Streckenlast

$$F = f \cdot L$$

$$M_b = \frac{f \cdot L^2}{2} = \frac{F \cdot L}{2}$$

$$w_{max} = \frac{f \cdot L^4}{8 \cdot E \cdot I} = \frac{F \cdot L^3}{8 \cdot E \cdot I}$$

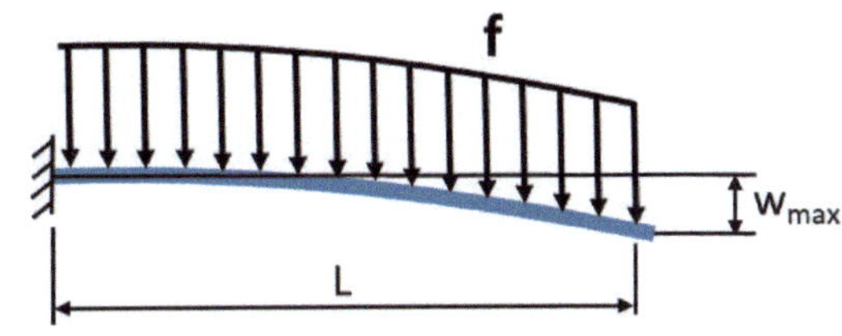

Biegebalken mit mittiger Punktlast (3-Punkt-Biegung)

$$M_b = \frac{F \cdot L}{4}$$

$$w_{max} = \frac{F \cdot L^3}{48 \cdot E \cdot I}$$

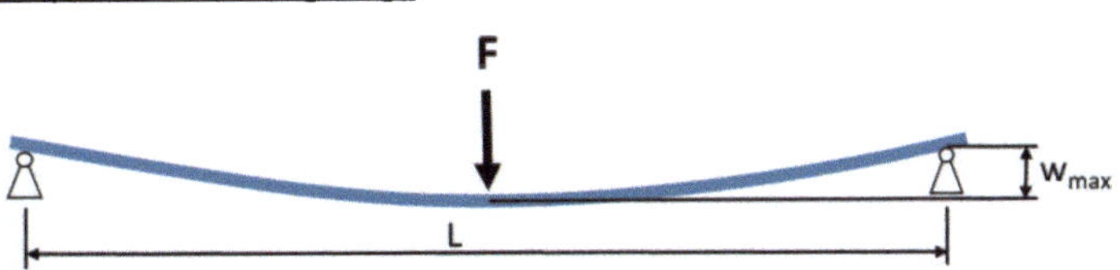

Biegebalken mit Streckenlast

$$M_b = \frac{f \cdot L^2}{8} = \frac{F \cdot L}{8}$$

$$w_{max} = \frac{5 \cdot f \cdot L^4}{384 \cdot E \cdot I} = \frac{5 \cdot F \cdot L^3}{384 \cdot E \cdot I}$$

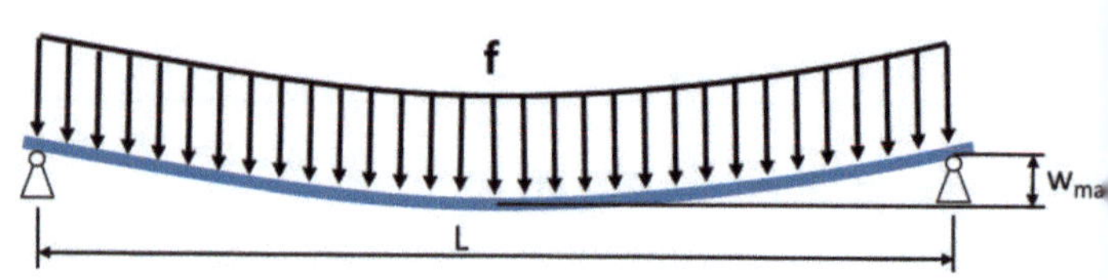

Sandwich-Biegeträger: Schubanteil des Kerns an Durchbiegung

$$w_\tau = \frac{M_b \cdot k}{G \cdot b \cdot h}$$

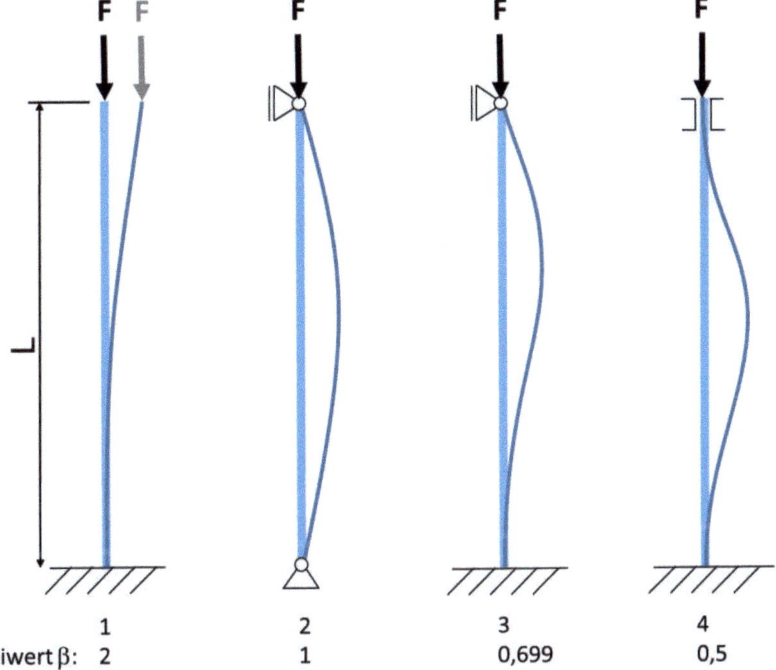

$$F_k = \frac{\pi^2 \cdot E \cdot I}{s^2} \qquad \text{mit} \qquad s = \beta \cdot L$$

Schlankheitsgrad

$$\lambda = \beta \cdot L \sqrt{\frac{A}{I}}$$

Knickspannung

$$\sigma_k = \frac{\pi^2 \cdot E}{\lambda^2}$$

Beulen von Platten

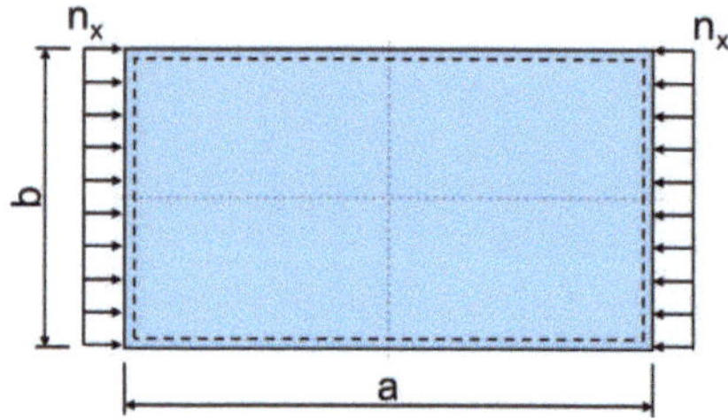

$$n_{x,kr} = \frac{\pi^2}{b^2} \cdot K \left(\frac{b \cdot m}{a} + \frac{a}{b \cdot m} \right)^2 \qquad \text{mit} \qquad K = E^* \cdot I^* = \frac{E}{1-v^2} \cdot \frac{t^3}{12}$$

Kritische Beulspannung für isotrope homogene Platte

$$\sigma_{kr} = \frac{n_{kr}}{t} = k \frac{\pi^2}{12(1-v^2)} \cdot E \cdot \left(\frac{t}{b} \right)^2$$

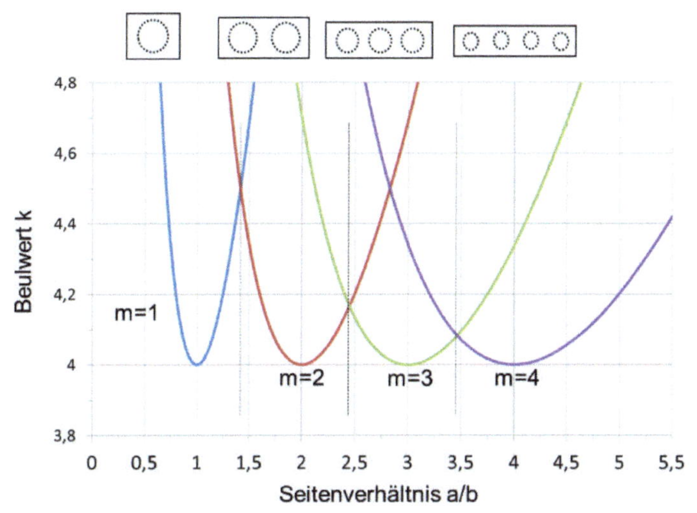

Beulwert

$$k = \left(\frac{b \cdot m}{a} + \frac{a}{b \cdot m}\right)^2$$

Torsionsbeulen dünnwandiger Rohre nach Simitses

$$\tau_{crit} = K_S \cdot \frac{\pi^2}{12} \cdot \frac{t^{1,25}}{r^{0,75} \cdot L^{0,5}} \cdot E_x^{0,375} \cdot \left(\frac{E_y}{1 - \nu_{xy} \cdot \nu_{yx}}\right)^{0,625} \qquad \text{bzw.}$$

$$M_{Tcrit} = K_S \cdot \frac{\pi^3}{6} \cdot \frac{r^{1,25} \cdot t^{2,25}}{L^{0,5}} \cdot E_x^{0,375} \cdot \left(\frac{E_y}{1 - \nu_{xy} \cdot \nu_{yx}}\right)^{0,625} \qquad \text{mit}$$

$K_S = 0,925$ für einfach gelagerte Rohre (keine oder weiche Deckel)

$K_S = 1,03$ für fest gelagerte Rohre (steife Flansche)

Biegekritische Drehzahl von Wellen

$$\omega_{crit} = \frac{r}{\sqrt{2}} \cdot \left(\frac{\pi}{L}\right)^2 \cdot \sqrt{\frac{E_x}{\rho}} \qquad \text{bzw.} \qquad n_{crit} = \frac{\pi}{2\cdot\sqrt{2}} \cdot \frac{r}{L^2} \cdot \sqrt{\frac{E_x}{\rho}}$$

Innendruckbelastete dünnwandige Rohre/Behälter

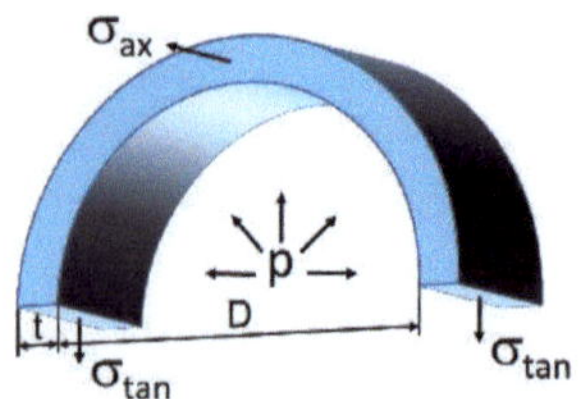

$$\sigma_{tan} = \frac{p \cdot D}{2t}$$

$$\sigma_{ax} = \frac{p \cdot D}{4t}$$

LITERATUR

- Puck, Alfred: Festigkeitsanalyse von Faser-Matrix-Laminaten: Modelle für die Praxis. Hanser 1996 (als Download im Internet verfügbar)

- Schürmann, Helmut: Konstruieren mit Faser-Kunststoff-Verbunden, 2. bearb. und erw. Aufl.: Springer, 2007 (VDI) – ISBN 978-3-540-72189-5

- VDI-Richtlinie 2014, Blatt 1 bis 3, insbesondere Blatt 3, Entwicklung von Bauteilen aus Faser-Kunststoff-Verbund

Notizen: